BEI GRIN MACHT SICH IHR WISSEN BEZAHLT

Bibliografische Information der Deutschen Nationalbibliothek:

Die Deutsche Bibliothek verzeichnet diese Publikation in der Deutschen National-
bibliografie; detaillierte bibliografische Daten sind im Internet über http://dnb.d-
nb.de/ abrufbar.

Dieses Werk sowie alle darin enthaltenen einzelnen Beiträge und Abbildungen
sind urheberrechtlich geschützt. Jede Verwertung, die nicht ausdrücklich vom
Urheberrechtsschutz zugelassen ist, bedarf der vorherigen Zustimmung des Verla-
ges. Das gilt insbesondere für Vervielfältigungen, Bearbeitungen, Übersetzungen,
Mikroverfilmungen, Auswertungen durch Datenbanken und für die Einspeicherung
und Verarbeitung in elektronische Systeme. Alle Rechte, auch die des auszugsweisen
Nachdrucks, der fotomechanischen Wiedergabe (einschließlich Mikrokopie) sowie
der Auswertung durch Datenbanken oder ähnliche Einrichtungen, vorbehalten.

Impressum:

Copyright © 2008 GRIN Verlag, Open Publishing GmbH
Druck und Bindung: Books on Demand GmbH, Norderstedt Germany
ISBN: 9783640445424

Dieses Buch bei GRIN:

http://www.grin.com/de/e-book/136577/theorie-der-langen-wellen

Thomas Windhoevel

Theorie der langen Wellen

GRIN Verlag

GRIN - Your knowledge has value

Der GRIN Verlag publiziert seit 1998 wissenschaftliche Arbeiten von Studenten, Hochschullehrern und anderen Akademikern als eBook und gedrucktes Buch. Die Verlagswebsite www.grin.com ist die ideale Plattform zur Veröffentlichung von Hausarbeiten, Abschlussarbeiten, wissenschaftlichen Aufsätzen, Dissertationen und Fachbüchern.

Besuchen Sie uns im Internet:

http://www.grin.com/

http://www.facebook.com/grincom

http://www.twitter.com/grin_com

Seminararbeit
am Lehrstuhl für Wirtschaftsgeographie

Wirtschafstrukturen und -prozesse auf lokaler,
regionaler und globaler Ebene

Im SoSe 08

Entwicklungszyklen der Wirtschaft: Die Theorie der
langen Wellen

Windhoevel, Thomas

INHALTSVERZEICHNIS

1. Themenhinführung

Der Themenbereich Konjunktur begegnet uns im Wirtschaftsteil jeder Tageszeitung und durch viele Fernsehsendungen. Konjunkturelle Schwankungen wirken bis in die Alltagswelt jedes Einzelnen. Die derzeitige konjunkturelle Lage der Deutschen Wirtschaft wirkt sich auf die Arbeitsmarktsituation aus, so ist zum Beispiel bei einem Boom immer ein Mangel an Arbeitskräften zu beobachten. Auch die Konsumgüterpreise sind von der wirtschaftlichen Lage abhängig.

Diese Arbeit handelt vor allem über den russischen Agrarökonom Nikolai Kondratieff. Dieser beschäftigte sich mit langen Konjunkturschwankungen, die etwa eine Dauer von 40-60 Jahren haben.

Diese Arbeit soll einen kleinen Einblick in die vergangen Konjunkturzyklen geben.

Was waren die Gründe für einen fast globalen Wirtschaftsaufschwung? Aber sie soll auch Antworten auf mögliche Gründe für Wirtschaftsdepressionen geben.

Die Arbeit befasst sich ausschließlich mit Fakten aus der Vergangenheit. Kondratieff hat seine Theorie schon 1926 veröffentlicht. Sie wird einen Beitrag dazu leisten, die aktuellen Entwicklungen, durch die Ereignisse in der Vergangenheit, besser zu verstehen.

2. Hauptteil

2.1 Begriffserklärungen

Die Theorie der langen Wellen der Wirtschafsentwicklung geht auf den russischen Agrarökonom Nikolai D. Kondratieff zurück. (Vgl. COENEN 1997: 3)

Kondratieff hat beobachtet, dass vor einem großen Wirtschaftsaufschwung eine bedeutende Basisinnovation vorangeht. Mit einer Basisinnovation ist eine „grundlegende technische Neuerung" (HEINEBERG 2007: 116) gemeint.

„Entdeckungen und Erfindungen finden in einer Richtung und in einer Intensität statt, die den Anforderungen der praktischen Wirklichkeit entsprechen." (Händler 2003: 30) Das heißt, dass sich nicht jede Erfindung (Invention) durchsetzt, da sie auch umsetzbar sein muss. Auch muss es für eine Erfindung einen Absatzmarkt geben und sie muss auch ökonomisch realisierbar sein. (vgl. COENEN 1997: 15) Aber: Für einen Wirtschaftsaufschwung ist noch mehr nötig. Damit eine Erfindung eine Basisinnovation wird, muss sie für die breite Bevölkerung einen Vorteil, wie zum Beispiel Arbeitserleichterung oder neue Arbeitsmöglichkeiten, bieten. Es muss dafür breite Anwendungsbereiche geben. Dann ist es möglich, dass sich Dank einer Erfindung ein langanhaltender Boom ergibt und die Talsohle überwunden wird. (vgl. MENSCH 1977: 144)

Eine Innovation, die einen Boom auslöst, muss nicht immer eine völlig neue Erfindung sein; es ist auch eine neue, bessere Kombination von Produktionsfaktoren möglich. Auch neue Absatzwege, neue Produktionsfunktionen und Weiterentwicklungen eines Produktes können einen Aufschwung auslösen. (SCHUMPETER 1961: 94)

Weiter ist bekannt, dass sich die Wirtschaft zyklisch entwickelt.

Ulrich Weinstock beschreibt die Kondratieff – Zyklen und die langen Wellen als „Auf und Ab" gesamtwirtschaftlicher Aktivität. Diese Aktivität vollzieht sich in gewisser Regelmäßigkeit. Wenn man diese in Phasenlänge und Amplitude untersucht, kann man Wellen in sinnvoller Weise zusammenfassen und untersuchen. (Vgl. WEINSTOCK 1967: 13)

Weiter kann man die Konjunkturwellen kurzfristig und langfristig betrachten. Die langfristigen Konjunkturwellen nach Kondratieff haben eine Dauer von ungefähr 40 – 60 Jahren. Vom Aufschwung, dem Überwinden der Talsohle, über den Boom bis zur Depression, wobei der Aufschwung nur wenig länger dauert, als die Rezessionsphase.

Gerade in wirtschaftlich schwachen Zeiten kommt die Theorie der „langen Frist" wieder in Erinnerung, weil mit ihr die positive Botschaft verknüpft ist, dass „nach einer längeren Schwächephase des gesamtwirtschaftlichen Wachstums notwendigerweise wieder ein längerfristiger Aufschwung einsetzen wird". (REUTER 2000: 33)

In dieser Arbeit geht es um die Theorie langen Wellen nach Kondratieff. In einem Zeitabschnitt gibt es jedoch mehrere gleichzeitige Zyklen. Nach Clement Juglar gibt es den Juglarzyklus, der 9 bis 10 Jahre andauert. Dieser mittelfristige Zyklus wird auch von Innovationen bestimmt.

Joseph Kitchin untersuchte Zinssätze, Großhandelspreise und Bankclearings und stellte einen 40-Monatszyklus auf. 6 Juglarzyklen kommen auf einen Kondratieffzyklus, wie 3 Kitchinzyklen auf einen Juglarzyklus fallen. (vgl. SCHUMPETER 1961: 171-184)

Außerdem gibt es Saisonzyklen, die zum Beispiel durch die Jahreszeiten bestimmt werden; findet insbesondere im Baugewerbe besonders Anwendung.

Hier noch zu erwähnen ist, dass sich mehrere Wissenschaftler mit den „Langen Wellen" beschäftigt haben. Zuletzt waren das 1989 Poletajew und Saweljewa, die den ersten Zyklus der Industrialisierung von 1772 – 1825 einordneten. (vgl. REUTER 2000: 46; SCHÄTZL 2003: 219)

2.2 Eine allgemeine Beschreibung eines Konjunkturzyklus

In der Expansionsphase ist eine Verbesserung der Kapazitätsauslastung zu verzeichnen. Es werden wieder mehr Aufträge erteilt. Man wechselt von der Kurzarbeit, die in schwachen Zeiten verbreitet ist, wieder auf die normale Schichtdauer. Durch die damit verbundenen steigenden privaten Investitionen nimmt die Arbeitslosigkeit ab und die Lohnsumme steigt. Dann nimmt der private Konsum zu.

Wenn sich der konjunkturelle Aufschwung fortsetzt, kommt es zu einem Boom. In dieser Konjunkturphase befinden sich die Produktionsfaktoren in Vollauslastung. In dieser Phase kann auch der Staat seine Kassen wieder füllen. Es gibt ein hohes Lohn- und Einkommensteueraufkommen und die Sozialbeitragslage entspannt sich.

Es treten beginnende Geld- und Kreditschwierigkeiten auf. Die Arbeitslosenquote befindet sich auf einem tiefen Level. Es herrscht Voll- oder Überbeschäftigung. Trotz steigender Löhne, ist kein Zuwachs am privaten Konsum zu verzeichnen.

Dann ist es nur ein kleiner Schritt zur Rezession. In der Wirtschaft werden Kapazitäten abgebaut. Jetzt sollte der Staat eingreifen und die Rezession abmildern, indem er der Industrie Aufträge erteilt und Investitionen tätigt.

Die privaten Investitionen gehen zurück und die Arbeitslosigkeit nimmt zu. Deswegen geht auch der private Konsum zurück. Die Leute, die noch in Arbeit und Brot stehen, haben vor dem Arbeitsplatzverlust Angst und sparen, anstatt zu konsumieren. (vgl. GRÖNBERG 1983: 7)

In der Depressionsphase ist die Kapazitätsauslastung gering. Die Arbeitnehmer sind von Kurzarbeit bedroht. Es gibt nur stark eingeschränkte Investitionen und eine ausgeprägte Unterbeschäftigung. Daraus folgt, dass die Arbeitgeber niedrige Löhne zahlen und der private Konsum gering ist.

Es muss noch angemerkt werden, dass bei einem Aufschwung das grundsätzliche Problem bei der Beschaffung der Produktionsfaktoren besteht. Die Rohstoffe sind knapp.

Bei einem Abschwung ist das Problem der Absatz. Die Käufer halten sich zurück. Die Produkte können nicht abgesetzt werden. (Vgl. COENEN 1997: 131)

3. Die Konjunkturzyklen nach Nikolai Dmitrievich Kondratieff (1892-1931) [1]

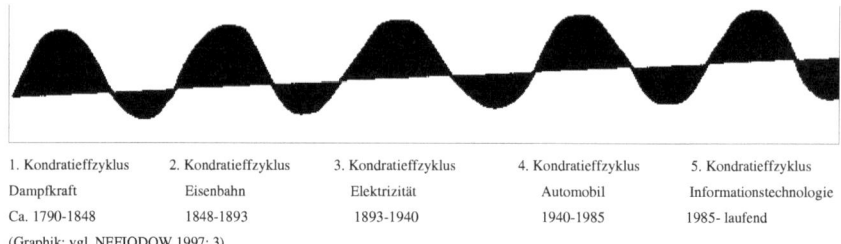

1. Kondratieffzyklus	2. Kondratieffzyklus	3. Kondratieffzyklus	4. Kondratieffzyklus	5. Kondratieffzyklus
Dampfkraft	Eisenbahn	Elektrizität	Automobil	Informationstechnologie
Ca. 1790-1848	1848-1893	1893-1940	1940-1985	1985- laufend

(Graphik: vgl. NEFIODOW 1997: 3)

Die Graphik soll einen kleinen Überblick über die bisherigen Zyklen geben, die im folgenden Kapitel beschrieben werden. Die Zeiträume sind als Circa - Angaben zu verstehen, weil sich die Wirtschaftswissenschaftler nicht einig sind, wann sich die Konjunkturzyklen ereignet haben. Auch sind die Übergänge zwischen den Zyklen sind fließend. Es kommt vor, dass eine Technologie die Talsohle noch gar nicht erreicht hat und gleichzeitig schon ein Wirtschaftsaufschwung in einer anderen Branche einsetzt. (vgl. SCHÄTZL 2003: 220ff)

3. 1 Der Aufschwung im 1. Kondratieff-Zyklus - Dauer des Zyklus: ca. 1790 - 1848

Die erste große Basisinnovation vor der 1. langen Konjunkturwelle ist die Dampfkraft. James Watt entwickelte die Dampfmaschine und die Industrialisierung begann.

Man wurde von natürlichen Energiequellen unabhängig, weil die Dampfkraft das erste mal die Möglichkeit der physikalischen Energieumwandlung anbot, das heißt Dampf wird in mechanische Energie umgewandelt.

Daraus ergaben sich Vorteile. Man hatte damals noch nicht die heutigen Probleme hinsichtlich der Beschaffung fossiler Energieträger. Kohle und Erz seien hier als die besonders wichtigen Rohstoffe genannt.

Der Rohstoffabbau in den Berg- und Tagebauwerken lief auf Hochtouren und diese Energieträger waren damals unbegrenzt vorhanden.

Auch sind diese Energieträger immer verfügbar. Man ist zum Beispiel nicht an saisonale Wasserschwankungen gebunden. (Vgl. COENEN 1997: 16)

Ferner ist es jetzt möglich einzelne Dampfmaschinen zusammenzuschließen, um eine Produktionsfabrik zu erhalten. Durch diese neuen Arbeitsstätten änderten sich die sozialen

---

[1] Es wird vermutet, dass Kondratieff 1931 gestorben ist. Die Todesursache und der genaue Zeitpunkt ist jedoch ungeklärt. (REUTER 2000: 35)

Strukturen. Die Betriebshierarchie nahm ihren Anfang. Vom Fabrikbesitzer über die Abteilungsleiter zum Fließbandarbeiter.

Auch die Arbeitsmethoden änderten sich. Früher als Bauer auf dem Feld konnte man sich den Tagesablauf selber einteilen. Man konnte die Arbeit beginnen, seine Pausen abhalten, so wie es einem beliebte. Jetzt wird den Arbeitern vorgegeben, wann sie arbeiten, essen und schlafen sollen. Die Dienstgeber achten sehr genau auf Disziplin und Pünktlichkeit und setzen das auch mit autoritären Mitteln durch. Damals war es normal seine Arbeiter körperlich zu züchtigen. (vgl. HÄNDELER 2003: 33)

Vor der Dampfmaschine wurde, im Bereich der Textilbranche, mit mechanischen Webstühlen gefertigt. Durch diese Erfindung konnte man mehr Fertigerzeugnisse in kürzerer Zeit herstellen. Die Produktionskapazität wurde verbessert, so hat eine dampfbetriebene Spinnmaschine die 200-fache Kapazität, wie ein Spinnrad. Dadurch bedingt vervielfacht sich die Wirtschaftlichkeit in dieser Branche um das bis zu 400-fache. (vgl. HÄNDELER 2003: 31)

Ferner wurde die Verkehrsinfrastruktur ausgebaut, weil die Kohle als Energieträger transportiert werden musste. Da es LKW und Eisenbahn noch nicht gab, wurden die Wasserwege ausgebaut.

3. 1. 1 Der Abschwung im 1. Kondratieff – Neue Transportwege braucht das Land

Die am meisten Betroffenen des Konjunkturabschwungs waren die Landwirte. Im Rahmen der Industrialisierung wurden aus Leibeigenen lohnabhängige Landarbeiter. Das hatte die Folge, dass sich der Arbeitgeber für die Landarbeiter und Ihre Familien sozial nicht mehr verantwortlich fühlte. Er bezahlte am Abend die Tagelöhner und entledigte sich damit aller seiner Pflichten. Durch die fallenden Lebensmittelpreise in den Städten, können die Grundherren ihre Tagelöhner nicht mehr beschäftigen. Viele mussten ihren Hof aufgeben. Dadurch bedingt mussten sie zur Arbeitsplatzsuche in die Städte wandern. Für die Industrie standen jetzt für den nächsten Aufschwung wieder genügend Arbeiter zur Verfügung. (Vgl. HÄNDELER 2003: 41f)

Der Abschwung wird auch dadurch bedingt, dass die Wirtschaft an ihre Produktivitätsgrenzen kamen. Es wird nicht mehr so viel nachgefragt und die Produktionsfaktoren werden viel teurer, so dass kein Zuwachs an Fertigerzeugnissen zu verzeichnen war. Das wird Realkostengrenze genannt. Auch haben die technische Systeme ihre Grenzen erreicht.

Hauptgrund für das Ende des ersten Kondratieff – Zyklus waren die eingeschränkten Transportmittel.

Ein wichtiger Produktionsfaktor, gerade bei Fertigungsbetrieben, die Materialen hohen Gewichts verarbeiten, sind sie Transportmöglichkeiten. Die wichtigsten Rohstoffe waren damals Erz, Kohle und Roheisen. Da es noch keine Eisenbahn gab, war man auf Pferdefuhrwerke und schiffbare Kanäle angewiesen. Wegen der schlechten, witterungsabhängigen Straßenverhältnisse und den wenig vorhandenen Kanälen waren die Transportkosten unverhältnismäßig hoch.

Auf dem Gebiet der damaligen Deutschen Fürstentümer kamen die teuren Binnenzölle zu den Transportkosten noch hinzu. Die Feudalherren, Fürsten und Könige behinderten absichtlich die erstarkende Industrie, denn sie profitierten nicht davon. Außerdem wollte man keine mündigen Bürger. (Vgl. HÄNDELER 2003: 43f)

3. 2 Der Aufschwung im 2. Kondratieff-Zyklus (ca. 1848-1893) – die Eisenbahn

Wie im vorherigen Kapitel geschildert, sind neue Transportwege notwendig geworden. Rohstoffe und Waren mussten billiger und schneller transportierbar sein.

Es waren bereits Pferdestraßenbahnen und Dampfmaschinen im Gebrauch. Man musste die zwei Erfindungen nur zusammenbringen. Richard Trevithick leitstete dazu einen Beitrag. Er baute 1804 die erste Dampfmaschine auf Rädern. George Stephenson knüpfte daran an und entwickelte 1825 die erste Dampflokomotive. Er plante und leitete den Bau der ersten öffentlichen Bahnstrecken im Vereinigten Königreich. Die ersten Strecken gingen von Stockton nach Darlington und von Liverpool nach Manchester. (s. Lexikon zu Trevithik und Stephenson)

Vorher hatte man viele Güter auf dem Wasserweg transportiert. Man war an Flussläufe und Jahreszeiten (Zeiten mit Niedrigwasser oder zugefrorene Flüsse im Winter) gebunden. Das änderte sich jetzt, weil man unabhängiger geworden war.

Die Eisenbahn wurde zu jeder Jahreszeit benutzt und man konnte jetzt das Land flächenmäßig besser erschließen. Außerdem wurden durch die Erreichung höherer Geschwindigkeiten Waren und Menschen schneller transportiert. Die Arbeiter hatte mehr Freizeit, weil sie schneller zu Hause und in der Fabrik waren und die Waren wurden günstiger, weil die Transportkosten sanken.

Es wurde das Städtewachstum begünstigt, weil die wohlhabenderen Leute, die sich Eisenbahnfahrkarten leisten konnten und etwas mehr Miete zahlen konnten, weiter von ihren Arbeitsstätten weg zogen. Die Stadt dehnte sich aus. Es entstanden Wohnvororte mit einigen

Freizeitangeboten für die Werktätigen, wie zum Beispiel Naherholungsgebiete. Die Trennung von Wohn- und Arbeitsplatz war jetzt durch die Eisenbahn erst richtig möglich.

Da die Eisenbahn und Dampfschifffahrt viel Eisen nachfragte, war es erforderlich, mehr Eisen in kürzerer Zeit herzustellen. Wie zum Beispiel durch die Erfindung des Bessemer – Stahlherstellungsverfahrens, entwickelte sich die Eisen- bzw. Stahlindustrie weiter. Dies unterstützte zudem noch den Aufschwung. (vgl. COENEN 1997: 17)

Die internationale Schifffahrt dehnte sich aus. Es konnten jetzt größere und schnellere Schiffe gebaut werden. Das begünstigte den internationalen Handel, weil mehr Waren transportiert werden konnten.

Anfangs (um 1848) wurde der Aufschwung in Deutschland noch durch Fürsten abgebremst, die die im Kapitalismus nötige Eigeninitiative unterbunden haben. Erst nach und nach (um 1865) nimmt sich der Staat bei der im Kapitalismus wichtigen Dingen, wie zum Beispiel bei der Preisgestaltung, zurück.

In Deutschland fehlten Banken. Große Investitionen, wie die Verlegung eines Bahnnetzes, benötigen viel Kapital.

Im Mittelalter durften Juden kein Handwerk ausüben. Deswegen beschränkten sie sich auf das Geldverleihen. Was damals kein ehrbarer Beruf war, weil man als Christ keine Zinsen für Geld nehmen durfte. Zu Beginn der Industrialisierung waren deswegen zu wenig Banken vorhanden, um Kredite vergeben zu können. Weiter hatten damals die Menschen „ihren Notgroschen" im Strumpf unter der Matratze und nicht auf der Bank. Daher hatten die Banken wenig Sparvermögen der Bürger und konnten deswegen auch nicht viel Geld als Darlehen verleihen.

Somit ist dieser Kondratieff – Zyklus durch die Entwicklung der Eisenbahn und die Fortentwicklung der Eisenindustrie gekennzeichnet. (vgl. HÄNDELER 2003: 50f)

3. 2. 1 Das Ende des 2. Kondratieff - Zyklus – Die böse Konkurrenz aus dem Ausland

Es wird bezweifelt, ob es überhaupt einen Konjunkturabschwung gab, weil zwischen 1870 – 1890 die Produktivität in der Eisenproduktion sich nochmals vervielfachte.

Es gab aber eine Depression. Die Eisenpreise sanken und damit der Unternehmergewinn und die Löhne. Die Arbeiter verarmten, denn sie konnten in den besseren Jahren keine großen Rücklagen bilden.

Das Schienennetz war fast geschlossen und so standen alle Unternehmen, auch mit dem Ausland, in Konkurrenz. Das drückt natürlich die Preise.

Früher war es egal, was die Konkurrenz, die weiter weg lag, für Preise hatte, weil der Transport zu teuer war. Jetzt sind die Transportkosten auf der Schiene oder den Wasserwegen gesunken. Waren von Betrieben, die weiter entfernt liegen, sind günstiger als die heimischen.

Da die große Konkurrenz die Preise drücken, entsteht hohe Arbeitslosigkeit und eine Krise; trotz Wirtschaftswachstums.

In den Zeiten eines Booms konkurriert man um Ressourcen; in den Zeiten einer Rezession, um Absatzmärkte.

Eine gängige Methode sich als Unternehmen heimische Märkte zu erhalten, ist den Import zu erschweren. Man tut dies meist mit hohen Zöllen. Oder man versucht es so wie in England, sich Kolonien als Absatzmarkt zu erhalten.

Das hilft jedoch langfristig nicht, weil andere Staaten, wie Deutschland, die wenige Kolonien aufweisen können, sich dem Problem stellen müssen und es versuchen zu lösen. Mögliche Lösungsansätze sind zum Beispiel effizienter zu produzieren oder neue Produktions- und Absatzwege zu entwickeln. (vgl. HÄNDELER 2003: 71-75)

3.3 Der 3. Kondratieff-Zyklus (1893-1940) - Die Elektrizität

Das leitet auf den nächsten Kondratieff – Zyklus über. Aufgrund neuer Techniken und Kompetenzen müssen sich Investitionen wieder lohnen.

Die Technik des neuen Kondratieff - Zyklus ist der elektrische Strom. Jetzt ist es möglich mehr Kohle abzubauen, da man den tragbaren Pressluftbohrer entwickelt. Auch Maschinen können mit Strom betrieben werden. Das macht sie viel flexibler als sie mit Kohle zu betreiben. Man kann sie einfach ein- und ausschalten. Dampfmaschinen muss man erst vorheizen und ständig Kohle als Brennmittel nachgeben.

Diese mit Strom betriebenen Maschinen steigern die Produktivität. Das vernichtet aber keine Arbeitsplätze. Es werden neue geschaffen, weil durch die Schaffung des Stromnetzes mehr Kupfer gefördert werden muss. Dazu müssen noch Stromkabel verlegt, Masten gebaut und Generatoren gefertigt werden; das alles schafft Arbeitsplätze.

Die neue Technologie der Kupferleitungen ermöglicht zudem das Telefonieren, das Zeit spart. Man muss sich nicht immer treffen, sondern kann Sachverhalte und Vereinbarungen auch fernmündlich klären.

Bald werden elektrische Straßenbahnen im Stadtbild alltäglich. Diese bewältigen den „Beförderungsnotstand". Die rasant gewachsenen Städte bedürfen eines gut ausgebauten öffentlichen Personennahverkehrs, vor allem auch in die Vororte. Die Einwohner müssen schnellstmöglich zu Arbeit oder zum Einkaufen, aber auch zu kulturellen Veranstaltungen, wie zum Stadion gelangen. Der Trend aus den Vorjahren setzt sich fort. Die Bevölkerung zieht von den Fabriken im Stadtinneren an den Rand, in die Vororte.

Die Elektrifizierung bewirkt auch in der chemischen Industrie einen Boom. Durch die Elektrolyse u.a. kann man jetzt chemische Stoffe in großer Menge produzieren. Es geht darum, wissenschaftliche Erkenntnisse umzusetzen. Dies gelingt hier besonders gut. Durch das Wissen über Aufbau der Materie und die Möglichkeiten sie zu kombinieren und zu Produkten zu verarbeiten, arbeiten Wissenschaft und Produktion eng zusammen.

Durch die Nutzung des Stroms sanken die Grundkosten des Rohstahls. So konnte man in einem elektrischen Hochofen höhere Temperaturen erreichen.

In diesem Konjunkturzyklus kommt der Eisenbahn nochmals an Bedeutung zu. Das Schienennetz wird noch stark ausgebaut auch aufgrund des günstiger werdenden Stahls.

In den USA entstehen jetzt durch die Stahlkonstruktionsmöglichkeiten die ersten Hochhäuser, sie dienen in erster Linie als Bürogebäude.

Dabei hilft wieder die Chemie. Die Stahlträger werden immer robuster, weil sie mit immer besseren Legierungen gemischt werden. (vgl. HÄNDELER 2003: 84ff)

Somit wurde 3. Kondratieff - Aufschwung durch viele Faktoren ermöglicht.

3.3.1 Die große Weltwirtschaftskrise (ab 1927) und der Börsencrash 1929

Gegen Ende der „goldenen 1920er", nämlich Mitte 1927 wurden die Produktionskapazitäten schon zurückgefahren. Der Markt war gesättigt. Die meisten Haushalte und Fabrikgebäude waren jetzt elektrifiziert.

Nüchtern betrachtet waren die 20er gar nicht so „golden", nur im Blickwinkel des verlorenen 1. Weltkrieges war diese Epoche so super.

Die Preise und die Gewinne fielen, weil die Produkte (elektrische Stromkabel, u.a.) nicht mehr verkauft werden konnten. Es entstand ein Überangebot.

Weitere Gründe für den Abschwung in Deutschland waren die Nachfolgen des 1. Weltkrieges durch den Versailler „Vertrag": Reparationsleistungen. Dadurch wurde viel Wirtschaftsleistung aus Deutschland abgeschöpft.

Ein weitere Grund war, dass der Wohlstand nur durch Kredite finanziert wurde. Die Leute hatten das Geld für die Konsumgüterbeschaffung eigentlich gar nicht.

Vor allem in den USA war die Kreditfinanzierung weit verbreitet. Das ging so lange gut, wie die Raten getilgt werden konnten. Jedoch wurden viele Menschen in Folge des Überangebots an Konsumgütern (Marktsättigung) arbeitslos. Es konnten die Kredite nicht mehr getilgt werden, somit entstanden den Banken uneinbringliche Forderungen. Das brachte den Aktienmarkt durcheinander, von dem die Unternehmungen wieder abhingen. Ein Abschwung hat viele Faktoren. (vgl. HÄNDELER 2003: 99-116)

Noch zu erwähnen ist, dass aufgrund dieser Wirtschaftskrise in Deutschland zum 01.10.1927 die Arbeitslosenversicherung eingeführt wurde. Träger dieser Versicherung sind die Arbeitsagenturen. Sie erbringen nicht nur Leistungen im Falle der unverschuldeten Erwerbslosigkeit, sondern vermitteln Arbeitsplätze, führen Umschulungen durch und integrieren Arbeitnehmer mit Behinderung in den Betriebsprozess. Sie ist beitragsfinanziert. Die derzeitigen 3,3% Beitragssatz werden vom Arbeitnehmer und Arbeitgeber je zur Hälfte getragen. Die Arbeitslosenversicherung war lange Jahre die vierte Säule der Deutschen Sozialversicherung. Erst 1995 wurde der fünfte und bis jetzt letzte Säule gegründet: Die Pflegeversicherung. Die sozialen Pflichtversicherungen umfassen die Kranken- und Pflegeversicherung, die gesetzliche Rente, die Arbeitslosenversicherung, sowie die Unfallversicherung.

3.4 Der 4. Kondratieff - Zyklus (1940 bis ca. 1985)

Der 4. Kondratieffaufschwung ist durch die Ausbreitung des Automobils gekennzeichnet. Durch das Auto ist man als Privat- oder Geschäftsperson flexibler. Auch Güter kann man individuell transportieren. Durch die große Nachfrage entstehen wieder mehr Arbeitsplätze. Dadurch bekommt die Wirtschaft wieder auftrieb.

Ein Grund für die Verbreitung der Autos war, dass durch die Entwicklungen in den vorangegangen Kondratieffs das Auto wirtschaftlicher und effizienter herzustellen war, weil die Qualität der Bauteile, wie Verbrennungsmotoren und Gummiteile zum Beispiel für die Reifen, verbessert wurde.

 Das Auto wurde auch erschwinglich, weil durch die Fließbandproduktion die Fertigung und der Absatzpreis billiger wurde. Ein Schlagwort hierfür ist die Fixkostendegression. Durch die

Fließbandfertigung und Massenproduktion werden die Fixkosten gesenkt, weil die Mitarbeiter immer mehr an Erfahrung gewinnen und die teuren Maschinen ausgelastet werden.

Außerdem war damals das Rohöl noch sehr günstig zu haben und durch das fabrikmäßige raffinieren des Rohöls konnte das Benzin bzw. Diesel billiger verkauft werden.

Durch die Ausbreitung des Autos wurden neue Straßen benötigt. Um mit dem Auto zügig voranzukommen, benötigt man geteerte Straßen. Das schafft auch nochmals Arbeitsplätze.

Durch den letzten Kondratieff wurden die Weichen für eine Massenproduktion an Konsumgütern gestellt. Aber erst jetzt ist es durch das Auto möglich diese Masse an Konsumgütern an die Haushalte abzugeben. Mit dem Auto beginnt auch ganz allmählich der Tourismus für die breite Bevölkerung interessant zu werden.

(vgl. HÄNDELER 2003: 116-120; FREEMAN 1982: 148ff.)

3.4.1 Das Ende des 4. Kondratieffs – Die Ölkrise

Durch die Explosion des Weltrohölpreises 1973 wurde die Wirtschaft gebremst.

Die Konsumgüter wurden teurer, weil fast alles bei uns vom Ölpreis abhängt. Die Verkaufszahlen des Autos hängen auch am Benzinpreis. Die Verkaufspreise für Synthetische Textilien hängen am Öl, sowie alle Konsumgüter indirekt durch den Absatzweg (Straße als neue Lagerhalle) vom Ölpreis beeinflusst werden. (vgl. HÄNDELER 2003: 142ff)

Nach der Ölkrise sank zwar der Rohölpreis kurzfristig wieder erheblich, weil neue Erdölbezugsquellen gefunden wurden, aber seit dem steigt der Rohölpreis wieder stetig an, weil das Öl weltweit immer knapper wird und auch immer starker nachgefragt wird. Heute ist Öl ein äußerst knappes und sehr wertvolles Gut. Die Industrie täte gut daran nach wirklichen Alternativen zum Öl zu forschen.

3.5 Der 5. Kondratieff-Zyklus – Das Computerzeitalter (1985 – jetzt)

In diesem Konjunkturzyklus wurden erstmals keine Probleme aus dem vorangegangenen verbessert, denn das Ölproblem ist bis heute nicht gelöst worden.

Es hielt etwas völlig neues Einzug in unsere tägliche Arbeits- und Freizeitwelt.

Die Personal Computer hielten nach und nach Einzug in die Arbeits- und Freizeitwelt. Der Ausbau der Elektronischen Datenverarbeitung war nötig geworden, um den Produktionsprozess noch wirtschaftlicher zu machen und die enormen Datenmengen mit wenig Personal zu verarbeiten und zu verwalten. Leider war Deutschland hier etwas nachlässig. USA und Japan machten hier den Vorreiter. Dadurch fiel Deutschland in der Produktivität international zurück. Die USA und vor allem Japan konnten Massenkonsumgüter, wie Elektroartikel (Sony) und Autos (Toyota), viel günstiger anbieten.

Durch die computerunterstützte Fertigung konnten aber auch viele Arbeiter eingespart werden. Dadurch sinken zum Einem die Marktpreise - gerade Elektroartikel, wie PC, Fernseher, werden immer billiger – aber zum anderen steigt dadurch der Wert der Aktien. Heutzutage ist es anscheinend wichtiger einen stetigen Kursgewinn auszuweisen und hohe Dividenden auszuschütten, als Unternehmer seine soziale Verantwortung gegenüber den Arbeiter und Angestellten wahrzunehmen.

Ein weiterer negativer Aspekt des Computerzeitalters ist, dass man total vom Strom abhängig ist. Früher konnte man der mechanischen Schreibmaschine wenigstens einen Brief tippen. Heute ist es bei Stromausfall oder Netzwerkproblemen völlig unmöglich mit seiner Arbeit fortzufahren. (vgl. HÄNDELER 2003: 155ff)

Obwohl viele Arbeitsplätze wegfallen und sich eine hohe Sockelarbeitslosigkeit entwickelt, geht es in den 80ern wirtschaftlich vorwärts. Das ging jedoch nur, weil Sozialleistungen eingeschränkt und Sozialabgaben erhöht wurden, um der Staatsverschuldung Herr zu werden. Ferner konsumierten die Deutschen mehr, obwohl sich das Realeinkommen nicht erhöht hat. Auch konnten Arbeitsplätze durch den negativen Terms of Trade gesichert werden. Es wurde viel, vor allem in die USA exportiert. Made in Germany ist international ein Qualitätszeichen für Deutsche Wertarbeit.

3.5.1 Der Abschwung im 5. Kondratieffzyklus. - Marktsättigung

Ab dem Jahr 2001 ist der Markt für PC's gesättigt, die Verkaufszahlen sinken rapide, Unternehmen kommen in die Verlustzone und müssen Beschäftigte entlassen. Dadurch sinken die Preise um bis zu 90%.

Auch die Handyhersteller machen jetzt Verluste. Sie produzieren nur noch für den Ersatzbedarf, denn jeder der ein Handy wollte, hatte jetzt bereits eins. Die Innovationen auf dem Computermarkt, wie bessere Graphikkarten und schnellere Prozessoren, bringen keinen Fortschritt, der den Abschwung aufhalten kann. Auch die Neuerungen auf dem Handymarkt, wie Bilder zu versenden, sind nur Luxusspielereien, die keinen Fortschritt bringen, weil sie keinen zusätzlichen Nutzen bescheren.

Dadurch sind viele Unternehmen vom Markt verschwunden. Auch den großen Unternehmen hat die Absatzschwierigkeiten zu schaffen gemacht. Die Folge: Viele Unternehmen verlagern ihre Produktion ganz oder teilweise ins Ausland, wo die Lohnkosten noch erheblich niedriger sind. (vgl. HÄNDELER 2003: 172ff)

Wie es weiter geht ist noch nicht abzusehen, weil ein Kondratieff 40-60 Jahre dauert. Somit wäre die Talsohle des jetzigen Zyklus frühestens 2015 erreicht. Es bleibt abzuwarten, wie sich in Zukunft die Konjunkturwellen entwickeln werden.

Gerade sieht es so aus, dass sich die Konjunktur wieder etwas erholt. Das ist aber nicht durch gute deutsche Wirtschaftsleistung bedingt, vielmehr haben wir von der schwachen US-Wirtschaft profitiert. Ein hoher Euro-Kurs und eine hohe Exportquote sind die Folge.

4. Zusammenfassung

Durch das Literaturstudium bezüglich der Konjunkturzyklen wurde festgestellt, dass es eine Masse an Literatur zu diesem Thema gibt. Es haben sich viele Wissenschaftler mit Konjunkturzyklen befasst. Sie sind sich aber äußert uneinig über die Dauer der Zyklen und die bestimmenden Einflussfaktoren. (Vgl. LUCAS 1989: 35f) Aber in gewissen Punkten decken sich ihre Feststellungen. So sind die Autoren Sik, Höltschi und Rockstroh von denselben Basisinnovationen ausgegangen, wie Kondratieff; haben aber andere Zeiträume für die Zyklen bestimmt. (vgl. SIK 1988: 117)

Kurven, Konjunkturwellen entsprechen dem Verlauf der Wirtschaft. Aber die Kondratieff-Zyklen sind empirisch nicht belegt, auch ist es unmöglich von vorherigen Zyklen auf zukünftige zu schließen. (vgl. SCHLAGER 1986: 13)

Diese Arbeit befasst sich mit den langen Konjunkturwellen nach Kondratieff. Eine „Lange Welle" zeichnet sich dadurch aus, dass sie durch eine Basisinnovation (= Grundlegende technischen Neuerung) ausgelöst wird.

Nun werden die bisherigen 5. Kondratieffzyklen kurz zusammengefasst. Die erste Zyklus wurde durch die Dampfmaschine ausgelöst, das Zeitalter der Industrialisierung begann. Das Ende fand sie durch die begrenzten Transportmöglichkeiten. Hier setzt die 2. Welle an, die der Eisenbahn. Der Wirtschaftsaufschwung dieser Welle wird durch die Konkurrenz aus dem Ausland beendet.

Die 3.Welle ist vom elektrischen Strom bestimmt. Sie wird u.a. durch die Weltwirtschaftskrise 1929 beendet. Die 4. ist vom Individualverkehr (Auto) geprägt. Sie wird durch die Ölkrise 1973 ins stocken gebracht und endet auch wegen des steigenden Ölpreises.

Die 5. Welle ist durch die Informationstechnologie bestimmt. Ihr Aufschwung war von Mitte der 80er bis ca. 2001. Ab da an war der Markt gesättigt und die Konjunktur beginnt zu stagnieren.

Nach der Theorie befinden wir uns jetzt in der Abschwungsphase des 5. Zyklus. Was die Zukunft bringt bleibt abzuwarten. Prognosen über den nächsten Zyklus kann man noch nicht aufstellen.

Literaturverzeichnis

Coenen, Oliver (1997): Technologischer Wandel und Innovationen während des 5. Kondratieff – Zyklus – eine empirische Untersuchung zum Einfluss von Information und Kommunikation auf das Innovationsverhalten kleiner und mittelständischer Unternehmen in der Region Düsseldorf/Mittlerer Niederrhein. Inaugural - Dissertation. Shaker Verlag. Aachen 1998

Freeman Chrsitopher, Clark John, Soete Luc (1982): Unemployment and Technical Innovation. A Study of Long Waves and Economic Development. Greenwood Press. Westport, Connecticut

Grönberg Rolf, Rahmeyer Fritz (1983): Preis- und Mengenanpassungen in den Konjunkturzyklen der Bundesrepublik Deutschland, 1963 – 1981. Volkswirtschaftliche Diskussionsreihe am Institut für VWL der Universität Augsburg

Händeler, Erik (2003): Die Geschichte der Zukunft. Sozialverhalten heute und der Wohlstand von morgen (Kondratieffs Globalsicht). Brendow

Heineberg, Heinz (2007): Einführung in die Anthropogeographie / Humangeographie. 3., überarbeitete und aktualisierte Auflage. Schöningh UTB Paderborn

Lucas Jr.; Robert E. (1989) : Theorie der Konjunkturzyklen. Universität Chicago. transfer verlag. Regensburg

Mensch, Gerhard (1977): Das Technologische Patt. Innovationen überwinden die Depression. Fischer Taschenbuch Verlag

Nefiodow, Leo A. (1997): Der sechste Kondratieff. Wege zur Produktivität und Vollbeschäftigung im Zeitalter der Information. Sankt Augustin

Reuter, Norbert (2000): Ökonomie der „Langen Frist". Zur Evolution der Wachstumsgrundlagen in Industriegesellschaften. Metropolis-Verlag. Marburg
Schätzel, Ludwig (2003): Wirtschaftsgeographie 1. Theorie. 9. Auflage. Schöningh Paderborn

Schlager, Errol (1986): Konjunkturzyklen. Theorie-Theoriekritik-Ideologiekritik. AV-Verlag

Schumpeter, Joseph A. (1961): Konjunkturzyklen. Eine theoretische, historische und statistische Analyse des kapitalistischen Prozesses. In: Grundriss der Sozialwissenschaft. Begründet von Reinhard Schaeder. 1. Band. Vandenhoeck & Ruprecht. Göttingen

Sik, Ota; Höltschi, Rene; Rockstoh, Christian (1988): Wachstum und Krisen. Zur Theorie und Empirie von Konjunkturzyklen und Wachstumswellen. In: Studies in Contemporary Economics. Springer-Verlag. Berlin. Heidelberg. New York. London. Paris. Tokio

Weinstock, Ulrich (1967): Das Problem der Kondratieff - Zyklen. Ein Beitrag zur Entwicklung einer Theorie der „langen Wellen" und ihrer Bedeutung. Dunker & Humblot. Berlin, München